Henning Drusche

Aus der Reihe: e-fellows.net stipendiaten-wissen

e-fellows.net (Hrsg.)

Band 593

Experimentelle Bestimmung der Härte von Wasser und deren Ursachen – Methoden zur Verringerung der Wasserhärte

GRIN Verlag

Bibliografische Information der Deutschen Nationalbibliothek:

Die Deutsche Bibliothek verzeichnet diese Publikation in der Deutschen National-
bibliografie; detaillierte bibliografische Daten sind im Internet über http://dnb.d-
nb.de/ abrufbar.

Impressum:

Copyright © 2011 GRIN Verlag GmbH
Druck und Bindung: Books on Demand GmbH, Norderstedt Germany
ISBN: 978-3-656-33052-3

GRIN - Your knowledge has value

Der GRIN Verlag publiziert seit 1998 wissenschaftliche Arbeiten von Studenten, Hochschullehrern und anderen Akademikern als eBook und gedrucktes Buch. Die Verlagswebsite www.grin.com ist die ideale Plattform zur Veröffentlichung von Hausarbeiten, Abschlussarbeiten, wissenschaftlichen Aufsätzen, Dissertationen und Fachbüchern.

Besuchen Sie uns im Internet:

http://www.grin.com/

http://www.facebook.com/grincom

http://www.twitter.com/grin_com

Gymnasium Antonianum
Vechta

Abiturjahrgang
2012

SEMINARARBEIT

Themenbereich Chemie

Thema der Arbeit:

Experimentelle Bestimmung der Härte von Wasser und deren Ursachen – Methoden zur Verringerung der Wasserhärte

Verfasser:
Henning Drusche

Inhaltsverzeichnis

1. Einleitung

Im Durchschnitt verbraucht jeder Mensch in Deutschland 122 L Wasser pro Tag[1] für verschiedenste Dinge, wie die eigene Hygiene, das Waschen von Geschirr und Wäsche sowie Kochen und Trinken. Doch hierbei ist Wasser nicht gleich Wasser. Je nach Region und entsprechender Bodenbeschaffenheit besitzt Grundwasser verschiedene Härtegrade, das heißt verschieden große Anteile an gelösten Ionen sogenannter Härtebildner (Calcium- und Magnesium-Kationen; Spuren von Strontium- und Barium-Kationen). Diese Härteunterschiede haben, obwohl es vielen kaum bewusst ist, einen großen Einfluss auf unseren Alltag. „Hartes Wasser" zum Beispiel sorgt beim Waschen für einen erhöhten Waschmittelbedarf und führt schnell zur Verkalkung von Wasserleitungen. „Weiches Wasser" dagegen weist einen schlechten Geschmack auf und ist zum Trinken ungeeignet. Welchen Härtegrad sollte nun also das „perfekte Wasser" für den Haushalt besitzen? Doch zuvor stellen sich noch folgende Fragen: Wie entsteht Wasserhärte überhaupt? Wie kann diese Härte ermittelt werden und welche Methoden gibt es, um sie zu verringern?

Ich denke angesichts all dieser Aspekte wird deutlich, dass es sich bei der Betrachtung von Wasser in Bezug auf die Härte nicht um ein so einfaches Thema handelt, wie man zunächst annehmen könnte. Gerade wegen dieser Vielschichtigkeit und dem direkten Alltagsbezug finde ich dieses Thema aber sehr interessant und werde im Folgenden versuchen alle dazu aufkommenden Fragestellungen weitgehend zu untersuchen, wobei ich mein Hauptaugenmerk auf einige gängige Bestimmungsmethoden sowie die Enthärtungsvorgänge im Haushalt legen möchte.

2. Theoretische Grundlagen zur Wasserhärte

2.1 Definition

Die Wasserhärte ist als Angabe des Stoffmengengehalts an Erdalkali-Ionen in einem Wasser definiert, wobei Beryllium und Radium aufgrund ihres geringen natürlichen Vorkommens vernachlässigt werden. Konkret ließe sich die chemisch korrekte Definition somit folgendermaßen formulieren: *„Die Gesamthärte des Wassers beschreibt die Summe der Konzentrationen der darin gelösten Calcium-, Magnesium-, Strontium- und Barium-Kationen in mmol pro Liter."* Je höher diese Ionengehalte sind, desto „härter" ist das Wasser. Da aber in den meisten Trink- und Brauchwässern haupt-

---

[1] Laut Statistik des Statistischen Bundesamtes vom 27.05.2009 [42]; Berücksichtigt wurde nur der Wasserverbrauch privater Haushalte und Kleingewerben

sächlich Verbindungen von Calcium und Magnesium vorliegen, werden die meist sehr geringen Mengen an Strontium- und Barium-Ionen in der Praxis vernachlässigt. Die entsprechend neu gefasste EU-weit verbindliche Definition für Wasserhärte, die sich in der deutschen Industrienorm DIN 38 409-H6 wiederfinden lässt, lautet daher: *„Unter der Wasserhärte versteht man die Stoffmengenkonzentration der Ca^{2+}- und Mg^{2+}- Ionen $c(Ca^{2+} + Mg^{2+})$ in mmol pro Liter"*[2]. Zu unterscheiden sind hier also die chemisch-theoretische Definition und die allgemeingültige auf die Industrie angewandte Norm. Da die Wasserhärte aber ihre größte Bedeutung generell im praktischen Umgang mit Wasser hat, orientieren sich mittlerweile immer mehr Chemiker an der Industrienorm. Daher werde auch ich mich im Verlauf dieser Arbeit nur auf die nach DIN 38 409-H6 gültige Definition beziehen.

Historisch gesehen geht der Begriff „Härte" auf das Tastgefühl beim Waschvorgang mit der Hand zurück. Hartes Wasser schäumte nämlich schlecht und bildete mit den in Seifen enthaltenen Natrium- oder Kaliumsalzen der Fettsäuren schwer lösliche Kalkseifen. Die Seifenlösung fühlte sich dadurch „hart" an[3]. Im Zusammenhang mit der Wasserhärte werden Calcium und Magnesium als „Härtebildner" bezeichnet.

2.2 Einteilung in Härtetypen

Der Begriff der Wasserhärte fasst in seiner Gesamtheit ein System vieler verschiedener zum Teil miteinander gekoppelter chemischer Gleichgewichte im Wasser zusammen. So zum Beispiel die Löslichkeitsgleichgewichte zwischen den verschiedenen Erdalkali-Kationen und den zugehörigen Carbonat- und Sulfat-Fällungsprodukten sowie das Lösungs- und Dissoziationsgleichgewicht des Kalk-Kohlensäure-Systems. Obwohl in neueren Lehrbüchern mittlerweile davon abgeraten wird, findet zur einfacheren Betrachtung bestimmter Teilaspekte gerade in der Wasserwirtschaft und dem Bauwesen häufig noch eine Unterteilung des Oberbegriffs der Härte in verschiedene Unterbegriffe statt, die sich auf bestimmte Gleichgewichtssysteme beschränken. Folgende dreigliedrige Unterteilung hat sich weithin eingebürgert:

- **Gesamthärte (GH):** Die GH ist die „Härte des Wassers" im oben dargelegten Sinne (vgl. 2.1). Sie beschreibt also die Summe der Stoffmengenkonzentrationen an Calcium- und Magnesium-Kationen in Wasser in mmol/L.

---

[2] http://www.imn.htwk-leipzig.de/~pfestorf/praktikum/prak4ME071003.pdf, *Seite 1*

[3] Nach
http://www.ikz.de/fileadmin/Banner/whitepaper/IKZ_Whitepaper_bwt_Weichwasseranlagen.pdf, *Seite 3*

- **Carbonathärte (KH[4]):** Die KH (auch „temporäre Härte" oder „Carbonatalkalinität" genannt) bezeichnet jenen Anteil an Calcium- und Magnesium-Kationen, für den in der Volumeneinheit eine äquivalente Konzentration an Hydrogencarbonat-Anionen (HCO_3^-) und/oder Carbonat-Anionen (CO_3^{2-}) sowie durch deren Hydrolyse gebildete Hydroxidionen (OH^-) vorliegt[5]. In den meisten natürlichen Wässern gilt im allgemeinen KH < GH. Seltener kommt es aber auch vor, dass KH > GH, im Wasser also mehr äquivalente Hydrogencarbonat- und Carbonat- als Calcium- und Magnesium-Ionen vorliegen. In diesem Fall wird eine scheinbare Härte vorgetäuscht („Härteumkehr"), die dadurch zustande kommt, dass versickerndem Wasser beim Durchlaufen von austauschfähigen Tonmineralien Calcium- und Magnesium-Kationen entzogen wurden und (zum größten Teil) durch Natrium-Kationen ersetzt worden sind[6]. In solchen Fällen wird KH = GH gesetzt[7]. Die KH wird, wie bereits erwähnt, auch als temporäre Härte bezeichnet. Dieser Zusatzbegriff ergibt sich aus der Tatsache, dass sie durch einfaches Kochen entfernbar und somit nur vorübergehend, also temporär, ist. Beim Erhitzen auf mindestens 100°C reagieren die Calcium- und Magnesium-Kationen mit den vorhandenen Hydrogencarbonat- bzw. Carbonat-Anionen zu sogenanntem Kesselstein, der aus Calcium- und Magnesiumcarbonat besteht, bzw. zu Kalkstein, wenn die Ausfällung überwiegend aus Calciumcarbonat besteht. In deutschem Leitungswasser beträgt die KH meist 60% der GH.

- **Nichtcarbonathärte (NKH[8]):** Die NKH (auch „permanente Härte", „Sulfathärte" oder „Mineralsäurehärte" genannt) ist der nach Abzug der KH von der GH gegebenenfalls verbleibende Rest an Calcium- und Magnesium-Ionen. Da für diese Kationen offensichtlich keine äquivalenten Hydrogencarbonat-Anionen vorliegen, kann dieser Anteil nicht aus der Auflösung von Carbonaten entstanden sein, sondern muss aus anderen Verbindungen wie Sulfaten, Chloriden, Nitraten, Silicaten oder Phosphaten stammen. In der Regel entsteht die NKH zum größten Teil aus der Auflösung von Gips (Calciumsulfat), was für einen hohen Sulfatgehalt sorgt, daher der Begriff „Sulfathärte". Die NKH ist nicht durch Kochen entfernbar und wird deshalb auch als permanente Härte bezeichnet.

Seltener wird auch eine Unterteilung der Gesamthärte in Calciumhärte (meist 70 - 85% der GH) und Magnesiumhärte (meist 15-30% der GH) vorgenommen [34].

---

[4] Die Abkürzung „CH" ist mittlerweile auch gebräuchlich
[5] Hydrolyse: $CaCO_3 + H_2O \rightarrow HCO_3^- + OH^- + Ca^{2+}$
[6] vgl. 5.1: Prinzip des Kationenaustausches
[7] Nach A. Hütter, Leonard: Wasser und Wasseruntersuchung, S. 91
[8] Die Abkürzung „NCH" ist mittlerweile auch gebräuchlich

2.3 Einheiten zur Angabe der Gesamthärte und Bewertung

Gemäß des SI-Maßsystems[9] wird die Gesamthärte eines Wassers als Summe der Konzentrationen von Calcium- und Magnesium-Ionen in Mol pro Liter [mol (Ca^{2+} + Mg^{2+}) / L] bzw. angesichts der sehr geringen Konzentrationen der Härtebildner in Millimol pro Liter [mmol (Ca^{2+} + Mg^{2+}) / L] angegeben.

Davor wurde die Härte des Wassers in Deutschland in der auch heute noch oft zu findenden Einheit „Grad Deutscher Härte" [°dH] angegeben. 1°dH entspricht einer Massenkonzentration an Calciumoxid (CaO) in Wasser von 10mg/L. Die Umrechnung von °dH in mmol (Ca^{2+} + Mg^{2+}) / L erfolgt durch die Multiplikation mit dem Faktor 5,6[10].

Doch das seit dem 05. Mai 2007 in Kraft getretene neue Wasch- und Reinigungsmittelgesetz (WRMG) hat wiederum die Angabe der Gesamthärte in Grad Deutscher Härte sowie Millimol an Calcium- und Magnesium-Kationen pro Liter durch die neu geschaffene Einheit Millimol an Calciumcarbonat pro Liter [mmol ($CaCO_3$) / L] ersetzt[11]. Diese Einheit ist aber nur für die Industrie zur Härteangabe verpflichtend, wohingegen in der Chemie die Einheit „mmol (Ca^{2+} + Mg^{2+}) / L" international verbindlich bleibt. Allerdings ließe sich die neue Einheit laut der *Vereinigung des Gas- und Wasserfaches e. V.* unverändert als Gesamthärte in Millimol pro Liter auffassen.

Es gilt somit:

1 mmol ($CaCO_3$) / L = 5,6 °dH = 1 mmol (Ca^{2+} + Mg^{2+}) / L   [36]

Da viele Menschen aber mit diesen neuen Größen noch nicht sehr vertraut sind, empfiehlt es sich, die Härte zusätzlich noch in Klammern in „°dH" beizufügen.

Mit der Neufassung des WRMG im Mai 2007 wurden auch die amtlich gültigen Bewertungen der Wasserhärte verändert und an die europäischen Standards angepasst[10]. Die neuen Härtebereiche sind wie folgt eingeteilt[12]:

Härtebereich	c($CaCO_3$) [mmol ($CaCO_3$)/L]	°dH
weich	0 – 1,5	0 – 8,4
mittel	1,5 – 2,5	8,4 – 14
hart	> 2,5	> 14

Tab. 1 Seit 2007 in Deutschland gültige Härtebereiche

---

[9] Système International d' Unités: Internationalverbindliches Einheitensystem
[10] Umrechnung verschiedener Ionen von °dH in verschiedene Größen siehe *Tab. 3, S.23*
[11] Bundesgesetzblatt Teil I vom 29. April 2007, §9 Abs. 2 (S.600)
[12] Tabelle mit den alten, bis Mai 2007 gültigen Härtebereichen *siehe Tab. 2, S.23*

3. Ursachen von Wasserhärte

Atmosphärischer Niederschlag (dazu zählen laut DIN 4045 sowohl gefallener Niederschlag (Regen, Hagel) als auch abgefangener Niederschlag (Nebel, Raufrost) und abgesetzter Niederschlag (Tau, Reif)) löst beim Versickern Härtebildner aus den verschiedenen Gesteinsschichten der Böden heraus und führt sie mit ins Grundwasser. Art und Menge der herausgelösten Härtebildner hängen dabei stark von der Beschaffenheit des geologischen Untergrundes sowie der Tiefe des Grundwasserspiegels ab. Je tiefer nämlich der Grundwasserspiegel liegt, desto größer ist die Berührungszeit des Niederschlagswassers mit den Bodenschichten, wodurch ein intensiverer Stoffaustausch erfolgen kann. Durch diese Faktoren ergeben sich folglich geografische Differenzen bei der natürlichen Wasserhärteverteilung[13].

Calcium kann im Boden als Sulfat (Gips: $Ca[SO_4] \bullet 2H_2O$), Anhydrit ($CaSO_4$) und in Erstarrungsgesteinen (vorwiegend in Granit, Diorit, Basalt) vorliegen. Der größte Teil der Wasserhärte entsteht aber in der Regel als Carbonathärte durch die Auflösung von Kalk ($CaCO_3$), Dolomit ($CaMg(CO_3)_2$) oder anderen Carbonaten[14], in deren Form Calcium am häufigsten vorkommt. Magnesium dagegen ist am stärksten in Silicaten wie Serpentin, Olivin, Asbest und Talk vorzufinden. Seltener liegt es auch als Sulfat ($MgSO_4 \bullet 7 H_2O$) oder Carbonat (Dolomit ($CaMg(CO_3)_2$) und Magnesit ($MgCO_3$)) vor. Da aber abgesehen von den in eher geringem Maße im Boden vorkommenden Sulfaten, alle zuvor erwähnten Erdalkaliverbindungen, besonders die am häufigsten vorkommenden Carbonate, sehr schlecht löslich sind, verwundert es, dass meist sehr beträchtliche Mengen an Ca^{2+}- und Mg^{2+}- Ionen im Grundwasser zu finden sind. Dieser Sachverhalt hängt mit der Zusammensetzung des Niederschlagswassers zusammen. An sich ist Niederschlagswasser das reinste natürliche Wasser, da es einem natürlichen Destillationsvorgang entstammt. Es hat somit keine Härte. Doch durch intensiven Kontakt mit der Luft in der Atmosphäre, wird es mit den gut löslichen, in der Luft in größeren Teilen vorhandenen Gasen Sauerstoff (O_2) und Kohlenstoffdioxid (CO_2) angereichert, wobei etwa 0,2 % des Kohlenstoffdioxids zu Kohlensäure (H_2CO_3) umgesetzt werden, die aber in ihrer Struktur eine Verletzung der Erlenmeyer-Regel darstellt und daher sehr instabil ist und entsprechend 99,8% des Kohlenstoffdioxids als Reinstoff gelöst bleibt. Dieses nun gering mit Kohlenstoffdioxid beladene Niederschlagswasser nimmt beim Durchlaufen der oberen Gesteinsschichten einen noch größeren Anteil an Kohlenstoffdioxid auf, das durch Abscheidung von

---

[13] Übersichtskarte der geografischen Gesamthärteverteilung in Deutschland *siehe Abb. 11, S.25*
[14] Liste aller natürlich im Boden vorkommenden Carbonate *siehe Tab.4, S.24*

Pflanzenwurzeln oder als Stoffwechselprodukt von im Boden lebenden Mikroorganismen, die gehäuft in der Rhizosphäre[15] leben (ca. 100 Mio. Individuen pro Gramm Erde), entsteht. Der nun relativ hohe CO_2-Gehalt des Wassers ermöglicht es, größere Mengen von den in tieferen Gesteinsschichten vermehrt vorkommenden, ansonsten schwerlöslichen (Erdalkali)Carbonaten unter Bildung von Hydrogencarbonaten gemäß folgender Gleichungen zu lösen (Beispiel: Kalk (1) und Dolomit (2); Analog zu diesen Gleichungen werden auch alle anderen Carbonate aus dem Boden gelöst):

$$(1) \; CaCO_{3\,(s)} + (H_2O + CO_2 \leftrightarrow H_2CO_3) \rightarrow Ca^{2+}_{\;(aq)} + 2\;HCO_3^-_{\;(aq)}$$

$$(2) \; CaMg(CO_3)_2 + (H_2O + CO_2 \leftrightarrow H_2CO_3) \rightarrow Ca^{2+}_{\;(aq)} + Mg^{2+}_{\;(aq)} + 2\;HCO_3^-_{\;(aq)}$$

Das Lösen vieler Nicht-Erdalkali-Carbonate kann dabei auch zur Härteumkehr[16] führen, da dadurch viele Hydrogencarbonate entstehen, denen keine äquivalente Menge an Calcium- oder Magnesium-Kationen gegenübersteht. Da aber meist noch sehr viele Calcium- und Magnesium-Kationen aus den anderen oben genannten Nicht-Carbonat-Verbindungen gelöst werden, überwiegt ihr Anteil in der Regel insgesamt gegenüber dem der Hydrogencarbonate, sodass es hierbei nicht unweigerlich zu einer Härteumkehr kommen muss.

Auch saurer Regen, d.h. Niederschlag, in dem Säuren gelöst sind, kann zu erhöhter Wasserhärte führen. Seit Beginn der Industrialisierung steigt nämlich mit fortwährender Nutzung fossiler Brennstoffe nicht nur der atmosphärischen Gehalt an CO_2, sondern auch die Konzentrationen von Schwefeldioxid (SO_2) sowie verschiedener Stickstoffoxide (NO_x) in der Atmosphäre rapide an. Durch photochemische Reaktionen unter katalytischer Wirkung von Ruß- und Staubpartikeln, die in großen Mengen als sog. „Feinstaub" von Verbrennungsmotoren emittiert werden, können oben genannte Oxide bis zu Schwefelsäure (H_2SO_4) bzw. Salpetersäure (HNO_3) oxidiert werden. Diese protolysieren schließlich in den Wassertröpfchen der Atmosphäre und gelangen so in die Böden, wo sie durch chemische Reaktionen das Herauslösen von Kalk begünstigen (Schwefelsäure: $CaCO_3 + H_2SO_4 \rightarrow CaSO_4 + H_2O + CO_2$ | Salpetersäure: $CaCO_3 + 2\;HNO_3 \rightarrow Ca^{2+} + 2\;NO_3^- + CO_2 + H_2O$). Das bei den Reaktionen entstehende CO_2 überführt dann, wie bereits beschrieben, schwerlösliche Carbonate in lösliche Hydrogencarbonate; die bei der Reaktion mit Salpetersäure entstandenen Nitrat-Anionen werden größtenteils von Pflanzen aufgenommen bzw. reagieren zu einem sehr geringen Teil mit im Boden durch Nitrifikation (siehe nächsten Absatz) entstan-

---

[15] Bodenschicht, die von den Wurzelsystemen der Pflanzen durchwuchert wird (=Wurzelraum)
[16] *Vergleiche 2.2*, Abschnitt über Carbonathärte

denem Wasserstoff wieder zu Salpetersäure. Bei Abwesenheit von Kalk kann Salpetersäure Härtebildner auch aus verschiedenen Tonmineralien lösen.

Der Salpetersäuregehalt im Boden hängt noch von weiteren Faktoren ab. Bei der Zersetzung tierischer und pflanzlicher Proteine durch Destruenten[17] im Boden (Ammonifikation) sowie bei der Düngung mit sogenannten NPK-Düngern (Volldünger) gelangt Stickstoff in Form von Ammonium-Kationen (NH_4^+) in den Boden. Diese Ammonium-Ionen werden anschließend von Nitritbakterien[18] zu Nitrit-Anionen oxidiert ($NH_4^+ + 2\ O_2 \rightarrow NO_2^- + H^+ + 2\ H_2O$), von denen bereits ein Teil mit durch Protolyse zu Hydrogennitrit-Ionen (HNO_2^-) reagiert. In einem zweiten Schritt werden die nun im Boden vorliegenden Nitrit-Anionen von Nitratbakterien[19] weiter zu Nitrat-Anionen oxidiert ($2\ NO_2^- + O_2 \rightarrow 2\ NO_3^-$). Der größte Teil dieser Nitrat-Ionen wird von den Pflanzen aufgenommen und chemisch verwertet. Der andere Teil dagegen reagiert mit dem im ersten Teilschritt entstandenen Wasserstoff zu Salpetersäure, die nun wie bereits beschrieben das Herauslösen von Calcium aus Kalk begünstigt.

Zusammenfassend lässt sich sagen, dass weiches Wasser hauptsächlich in Gebieten mit Sandstein-, Granit-, Gneis-, und Basalt- oder Schiefersteinböden vorzufinden ist, härteres Wasser dagegen in Gebieten mit Kalk-, Gips-, oder Dolomitböden[20]. Starke Luftverschmutzung und intensive Düngung können die natürliche Härte aus oben genannten Gründen erhöhen.

4. Ermitteln der Wasserhärte

4.1 Komplexometrische Titration

Die Standardmethode zur Bestimmung der Gesamthärte ist die komplexometrische Titration. Sie ermöglicht eine maßanalytische Bestimmung der Konzentration von Metall-Ionen (hier: Calcium- und Magnesium-Kationen) in wässrigen Lösungen mittels Komplexbildung (Komplexometrie).

In einem Beispielversuch habe ich am 08.02.2011 die Gesamthärte des Leitungswassers der Stadt Vechta hinsichtlich der Gesamthärte komplexometrisch untersucht. Dazu wurden zunächst 5mL Leitungswasser in einen Plastikbehälter gegeben (Abb.

---

[17] Organismen (meist Bakterien oder Pilze), die sich von totem organischen Material ernähren und es zu anorganischer Substanz abbauen
[18] Gattungen Nitrosomonas, Nitrosospira, Nitrosovibrio, Nitrosolobus und Nitrosococcus
[19] Gattungen Nitrobacter, Nitrospira, Nitrospina und Nitrococcus
[20] Übersichtskarte der geografischen Härteverteilung in der Bundesrepublik Deutschland *siehe Abb. 11, S.25*

1) und anschließend 5 Tropfen Ammoniak-Lösung (ω=2,5 %) hinzugefügt, wodurch sich das Erscheinungsbild der Probe nicht verändert hat. Als letzte Zugabe folgte eine Spatelspitze einer pulverförmigen Indikator-Puffer-Mischung, die einen Mischindikator auf Basis von Eriochromschwarz T (Erio T) und einen NH_3 / NH_4Cl-Puffer enthielt. Nach kurzem Schütteln färbte sich die Lösung schließlich purpurrot (Abb. 2). Dann begann die eigentliche Titration: Mit einer Dosierspritze wurde der Probe tröpfchenweise EDTA-Lösung (c=0,0178$\frac{mol}{L}$) zugeführt, bis ihre Farbe von rot nach grün umschlug (Abb. 3)

Abb. 1 5mL Leitungswasser
aus Vechta (Entnommen: 08.02.2011)

Abb. 2 Mit Ammoniak versetztes
Leitungswasser nach Zugabe der
Indikator-Puffer-Mischung

Abb. 3 Färbung der Probe am Ende der Titration

Anhand des Volumens der verbrauchten Menge an EDTA-Lösung lässt sich schließlich die Summe der Konzentrationen von Calcium- und Magnesium-Kationen (=Gesamthärte) errechen. Aber zunächst folgt eine genauere Betrachtung und Auswertung der chemischen Vorgänge in diesem Versuch.

In der Regel wird bei der komplexometrischen Titration zur Bestimmung der Gesamthärte das Komplexon Ethylendiamintetraessigsäure (EDTA) verwendet.

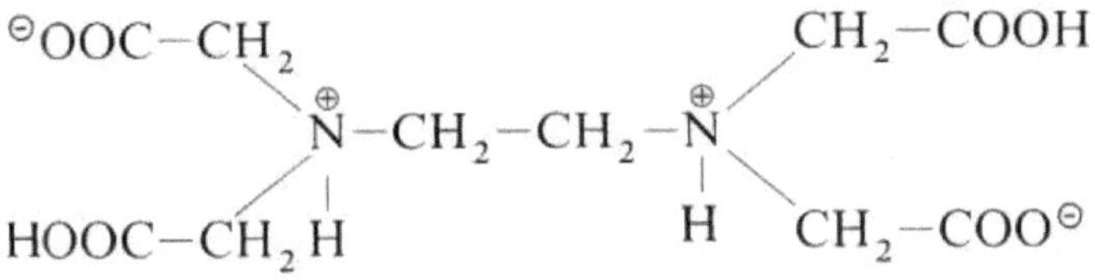

Abb. 4 EDTA (Kurzformel: H₄Y)

EDTA ist, wie in der oben dargestellten Strukturformel (Abb. 4) zu erkennen, eine vierprotonige Säure. Da es aber als freie Säure aufgrund seiner Betainstruktur schlecht wasserlöslich ist, verwendet man für die komplexometrische Titration meist eine Lösung mit dessen Salz Dinatrium-Ethylendiamintetraacetat (Na_2H_2Y, im Folgenden als EDTA bezeichnet), welches unter dem Handelsnamen Titriplex III® bekannt ist. Eine solche Lösung wurde auch im Beispielversuch verwendet. Im Wasser dissoziiert das Salz zu $2Na^+$ und H_2Y^{2-}, welches als sechseckiger Ligand[21] wirkt. Bei der Komplexbildung werden von dem Anion allerdings immer zwei Protonen abgegeben, sodass das Y^{4-} den eigentlichen Liganden darstellt (vgl. Abb. 5).

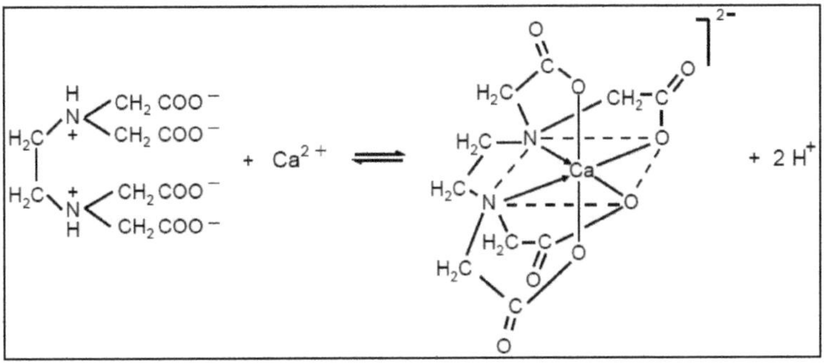

Abb. 5 Komplexbildung des H_2Y^{2-}-Anions mit einem Calcium(II)-Kation der Analyselösung ($H_2Y^{2-} + Ca^{2+} \leftrightarrow [CaY]^{2-} + 2 H^+$); analog dazu wird auch Mg^{2+} gebunden.

---

[21] Die Bezeichnung **Ligand** (lat. *ligare = binden*) stammt aus der Komplexchemie (Organometallchemie, Metallorganik und Bioanorganik) und bezeichnet ein Atom oder Molekül, welches über eine dative Bindung (koordinative Bindung) an ein zentrales Metall-Ion koordiniert [19]

Da EDTA sowohl mit zwei- als auch dreiwertiegen Metall-Kationen Komplexe bildet, müssen vor Beginn der Titration zunächst störende Ionen aus der Lösung maskiert werden. Dies geschieht je nach Ionenart durch Zugabe von Komplexbildnern wie Weinsäure bzw. Tartrat (Fe, Al, Pb, Sb), Cyanid (Zn, Cd, Hg, Co, Ni, Cu), Triethanolamin (Fe^{3+}, Mn^{3+}) und Ammoniumflourid (Fe^{3+}, Al^{3+}). Im Idealfall enthält die Analyselösung nach der Maskierung als freie Ionen nur noch Calcium- und Magnesium-Kationen (im Folgenden als *M^{2+}-Kationen*[22] bezeichnet). Auf eine Maskierung habe ich in meinem Versuch allerdings verzichtet, da Leitungswasser meist nur vernachlässigbar kleine Anteile solcher Stör-Ionen enthält. Anschließend wird im Regelfall bereits Erio T zugesetzt (häufig als Natriumsalz: NaH_2Ind). Dieser Metallindikator ist eine dreiwertige Säure, die zur Gruppe der Azonaphtol-Farbstoffe gehört. In wässrigen Lösungen liegt er abhängig vom pH-Wert in verschiedenen Ladungszuständen und Farben vor:

Eriochromschwarz T

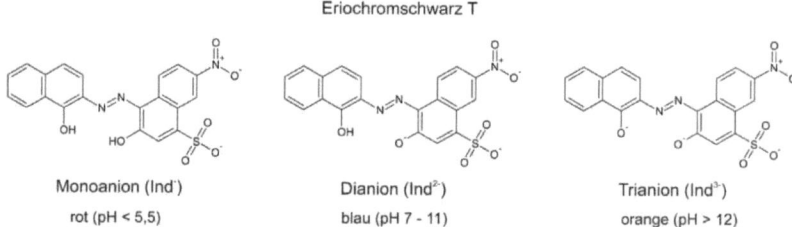

Monoanion (Ind⁻)	Dianion (Ind²⁻)	Trianion (Ind³⁻)
rot (pH < 5,5)	blau (pH 7 - 11)	orange (pH > 12)

Abb. 6 Ladungszustände und Farben von Eriochromschwarz T in Abhängigkeit vom pH-Wert

Da Erio T aber sehr stabile Komplexe mit Schwermetall-Ionen bildet, muss die Probelösung vor Zugabe absolut frei von Schwermetallspuren sein. Ansonsten wäre der Indikator natürlich durch diese blockiert. Mit Natriumsulfid (Na_2S) lassen sich die meisten Schwermetalle (sofern nicht schon zuvor maskiert) problemlos als Sulfide ausfällen (auch auf diese Ausfällung wurde im Beispielversuch aus bereits genannten Gründen verzichtet).

Nun könnte die Titration theoretisch beginnen. Doch das Komplexgleichgewicht bei der Reaktion mit EDTA ist sehr pH-abhängig. In sauren Lösungen ist nämlich die Konzentration des eigentlichen Liganden Y^{4-} aufgrund hoher Protonierung sehr klein, was zur Folge hat, dass sich nur extrem stabile Komplexe quantitativ bilden können. Der Anteil des Y^{4-}-Anions an der Gesamtkonzentration von EDTA wird dabei

---

[22] *M^{2+}* steht für ein zweifach geladenes Metall-Kation (hier: Ca^{2+} oder Mg^{2+})

durch den Verteilungskoeffizienten $\beta(Y^{4-})$ wiedergegeben, von dem meist der dekadische Logarithmus ($\log \beta$) betrachtet wird. In Abb. 10 (S.24) ist $\log \beta$ in Abhängigkeit vom pH-Wert der Probelösung aufgetragen. Es ist deutlich zu erkennen, dass $\log \beta$ mit zunehmendem pH-Wert zunimmt, was bedeutet, dass die Konzentration an Y^{4-} Ionen entsprechend ebenfalls zunimmt ($c(Y^{4-}) = 10^{\wedge}\log \beta$). Durch Multiplikation fasst man schließlich den Verteilungskoeffizienten und die Komplexbildungskonstanten der Calcium- bzw. Magnesium-EDTA-Komplexe zur sog. Konditionalkonstante K zusammen ($K = K_B \cdot \beta(Y^{4-})$). Bei der Bestimmung von Calcium(II)- sowie Magnesium(II)-Kationen sollte die Konditionalkonstante mindestens $10^7 \frac{L}{mol}$ betragen, da ansonsten der pH-Sprung zu klein wird. Erst ab pH $\geq$ 10 ist dieser Mindestwert erfüllt.

Berechnung der Konditionalkonstanten bei pH = 10:

$\log \beta(Y^{4-}) = -0,5$ *(vgl. Abb. 10, S.25)* $\Rightarrow \beta(Y^{4-}) = 10^{-0,5}$

$K(\text{Mg-EDTA}) = (6,17 \cdot 10^8) \cdot 10^{-0,5} \approx \mathbf{1,9511 \cdot 10^8}\, \frac{L}{mol}$

$K(\text{Ca-EDTA}) = (4,90 \cdot 10^{10}) \cdot 10^{-0,5} \approx \mathbf{1,5495 \cdot 10^{10}}\, \frac{L}{mol}$

Daher setzt man der Analyselösung vor der Titration Ammoniaklösung sowie den NH_3 / NH_4Cl-Puffer zu (im Versuch als Indikatorpuffermischung). Die Ammoniaklösung erhöht den pH-Wert der Probelösung auf ungefähr 11 und dient gleichzeitig als Hilfskomplexbildner, der die Ausfällung des Metallhydroxids verhindert. Der Puffer „fängt" die bei der Calcium-EDTA-Komplex-Bildung entstehenden Protonen ab und verhindert so signifikante Veränderungen des pH-Wertes.

Aus oben genannten Gründen besitzt unsere Analyselösung also einen pH-Wert von

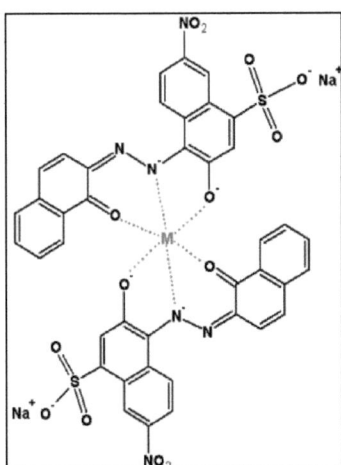

ungefähr 11, was zur Folge hat, das Erio T darin als Dianion vorliegt (vgl. Abb. 6, S.10). In der Analyselösung bildet es aber sofort mit den vorhandenen M^{2+}-Kationen purpurrote M-Indikator-Komplexe, sodass sich die gesamte Lösung zunächst wie beschrieben purpurrot färbt (vgl. Abb. 2, S.8)

Komplexbildung:

2 Ind^{2-} + M^{2+} $\leftrightarrow$ [M-Indikator-Komplex]
(Komplexfarbe: purpurrot; Struktur siehe Abb. 7 (links))

11

Die rote Analyselösung wird nun mit EDTA-Lösung titriert. Der Komplexbildner EDTA bildet dabei zunächst mit gegebenfalls überschüssigen freien M^{2+}-Kationen in der Lösung M-EDTA-Komplexe im Verhältnis 1:1[23]. Die M-EDTA-Komplexe sind gegenüber den M-Indikator-Komplexen wesentlich stabiler, sodass nach Bindung aller noch freien M^{2+}-Ionen eine Ligandenaustauschreaktion beginnt. Die M-Indikator-Komplexe werden vom stärkeren Komplexbildner EDTA zerlegt und die dadurch freiwerdenden M^{2+}-Kationen jeweils in farblose M-EDTA-Komplexe überführt. Die sechs Zähne (vier Carboxylat-Anionen und zwei Amine) des Liganden EDTA greifen das Zentralteilchen (M^{2+}) von sechs Seiten und bilden so einen Oktaederkomplex mit insgesamt sechs Fünfringmetallazyklen als Struktureinheit. Welche Wechselwirkungen zwischen dem Zentralteilchen und dem Liganden tatsächlich stattfinden ist noch nicht ganz geklärt. Es gibt aber mehrere Theorien, die versuchen diese Zusammenhänge zu beschreiben. Die meiner Meinung nach plausibelste Theorie ist die sog. Kristallfeldtheorie, die 1932 von John H. van Vleck im Aufbau auf eine 1929 von Hans Bethe veröffentlichte Arbeit über die Aufspaltung der Energieniveaus eines Atoms in Kristallen formuliert worden ist. Die Theorie geht von der Vorstellung aus, dass Ligandmoleküle aufgrund ihrer speziellen Konformation elektrostatische Felder erzeugen, über die die d-Orbitale des Zentralteilchens mit den Punktladungen der Liganden wechselwirken und so in deren Zentrum fixiert werden (In diesem Modell ist keine Überlappung von Orbitalen möglich!)[24]. Aufgrund von Platzmangel verzichte ich an dieser Stelle aber auf eine intensivere Darstellung dieser Theorie. Weitere Erklärungsansätze bieten auch die Valenzstrukturtheorie, die Molekülorbitaltheorie sowie die Ligandenfeldtheorie, die eine Erweiterung der Kristallfeldtheorie unter Einbezug des Jahn-Teller-Effektes darstellt.

Aus jedem getrennten M-Indikator-Komplex werden wieder je zwei blaue Eriochromschwarz T – Dianionen (Ind^{2-}) freigesetzt. Diese färben die Gesamtlösung mit zunehmender M-EDTA-Komplex-Bildung allerdings nicht blau, sondern grün, da es zur additiven Farbmischung mit den anderen Bestandteilen des Mischindikators kommt.

In Form folgender Reaktionsgleichungen lassen sich die Vorgänge nach Beginn der Titration vereinfacht darstellen:

Zunächst Fixierung von freien M^{2+}-Kationen:

EDTA (H_2Y^{2-}) + M^{2+} ↔ $[MY]^{2-}$ + 2 H^+

---

[23] *Vergleiche Abb. 5, S.9*
[24] Nach Wiskamp, Volker: Anorganische Chemie – Ein praxisbezogenes Lehrbuch, S. 203/204

Nach Bindung aller freien M^{2+}-Kationen:

[M-Indikator-Komplex] + EDTA (H_2Y^{2-}) $\leftrightarrow$ **[M-EDTA-Komplex] + 2 Ind^{2-}**

(purpurrot)   *(blau)*

Das Ende der Titration wird somit durch den Farbumschlag von purprrot zu grün bestimmt, da in diesem Moment nur noch Calcium- bzw. Magnesium-EDTA-Komplexe vorliegen und die Wasserprobe folglich die Farbe des freien Indikators vermischt mit den anderen Bestandteilen der Indikatormischung annimmt.

In dem Beispielversuch erfolgte dieser Farbumschlag nach einem Verbrauch von 0,69mL EDTA-Lösung, deren Konzentration mit $0,0178 \frac{mol}{L}$ so gewählt worden ist, dass 0,1mL Lösungsverbrauch einer Wasserhärte von 2°dH entsprechen. Entsprechend gilt:

$$GH = \frac{2\,°dH}{0,1mL} * 0,68mL = 13,6\,°dH$$

Nach eigener Analyse liegt die Wasserhärte im Stadtbereich Vechta mit 13,6 °dH somit im mittleren Bereich. Dieser Wert deckt sich weitgehend mit den Angaben der Trinkwasseranalyse des Wasserwerkes Vechta vom Dezember 2010, in der eine durchschnittliche Wasserhärte von 12,8 °dH für diesen Bereich angegeben ist [43].

4.2 Bestimmung der Carbonathärte mittels Säure-Bindungs-Vermögen

Bis zu einem pH-Wert von 8,2 entspricht die KH nahezu dem Säurebindungsvermögen „SBV" (auch „Säurekapazität", „m-Wert" oder „K_S 4,3" genannt) einer Wasserprobe. Entsprechend genügt es deren Säurekapazität zu bestimmen, um gleichzeitig die Carbonathärte zu ermitteln. Die Säurekapazität ist allgemein ein Maß für die Pufferkapazität eines Wassers und lässt sich aus dem Verbrauch an 0,1-molarer Salzsäure bei der Titration von 100mL einer beliebigen Flüssigkeitsprobe bis zum Einstellen des pH-Wertes 4,3 ermitteln:

Mit zwei Varianten dieser Methode habe ich am 15.20.2011 die Carbonathärte des Leitungswassers im analytischen Labor der ExxonMobil Production Deutschland GmbH am Standort Großenkneten exemplarisch bestimmt. In einem ersten Versuch wurden dazu 100 mL Leitungswasser (pH < 8,2) mithilfe einer entsprechenden Vollpipette in ein Becherglas gegeben und auf dem Magnetrührer („801 Stirrer"; Kunststoffumschlossener Magnetrührstab) der computergesteuerten Titrationsmaschine „808 Titrando" der Firma Methrom platziert[25]. Nachdem nun ein Vorratsbehälter mit 0,1-molarer Salzsäure an das Gerät angeschlossen worden ist, begann die Titration automatisch mit Betätigung des Startknopfes am Computer. In vollautomatisch regulierten Intervallen erfolgte nun das Zutropfen der Salzsäure, während eine in der Lösung befindliche Glaselektrode kontinuierlich den pH-Wert ermittelt und diesen an den Computer gesendet hat, der daraus in Echtzeit eine Titrationskurve erstellte[26]. Anhand dieser Kurve lässt sich schließlich der HCl-Verbrauch bis zum Einstellen des pH-Wertes 4,3 ablesen[27]. Bei dieser Reaktion liegt der Äquivalenzpunkt normalerweise bei 4,3, sodass man lediglich die verbrauchte Salzsäure bis zum Äquivalenzpunkt ablesen muss. Da die Elektrode allerdings bei dem von mir durchgeführten Versuch nicht kalibriert worden ist, hat die Titrationsmaschine den Äquivalenzpunkt aber bei pH = 4,813 bestimmt, bei dem ein Verbrauch von 1,5562 mL HCl vorliegt.

Als Kontrollversuch erfolgte daher die Ermittlung der Säurekapazität dann unter leicht veränderter Methodik. Wie zuvor wurden auch hier 100 mL der Leitungswasserprobe in einem Becherglas gesammelt, welches nun aber mit einer älteren, per Knopfdruck manuell steuerbaren Titrationsmaschine ohne Glaselektrode titriert wurde[28]. Entsprechen musste zur späteren Erkennung des Äquivalenzpunktes ein Indikator zugesetzt werden. Zur Bestimmung der Carbonathärte verwendet man üblicherweise Cooper[29], der die zunächst neutrale Lösung blau färbte[30]. Nach einem Säureverbrauch von 1,560 mL Slazsäure schlug er dann nach rot[31] um.

Für die Säurekapazität gilt allgemein:

$$K_{S\,4,3} = V(HCl)\ [\ in\ mL]\ *\ c(HCl)\ [\ in\ \tfrac{mol}{L}]\ *\ 10$$

Einsetzen der ermittelten Werte:

(V1) $K_{S\,4,3} = 1{,}5562\ mL * 0{,}1\ \tfrac{mol}{L} * 10 = 1{,}5562\ \tfrac{mmol}{L}$

(V2) $K_{S\,4,3} = 1{,}560\ mL * 0{,}1\ \tfrac{mol}{L} * 10 = 1{,}56\ \tfrac{mmol}{L}$

---

[25] *Vergleiche Abb. 13, S. 27*
[26] Digitale Ansicht *siehe Abb. 14, S. 27*
[27] Resultatreport mit Titrationskurve *siehe Abb. 12, S. 26*
[28] *Vergleiche Abb. 16, S. 28*
[29] Copper ist ein Mischindikator, der durch Mischen von 100 mg Bromkresolgrün und 20 mg Methylrot mit 100 ml Ethanol entsteht. Copper schlägt bei pH=4,3 um, aber weniger schleppend als Methylorange, weshalb er bei der Carbonathärtebestimmung meist bevorzugt wird. [13]
[30] Indikator sowie durch Zugabe blau gefärbte Probelösungsösung *siehe Abb. 15, S. 28*
[31] Rot gefärbte Probelösung *siehe Abb. 17, S.29*

Der Durchschnitt der beiden ermittelten Werte liegt bei 1,5581 $\frac{mmol}{L}$ und trifft damit die tatsächliche Säurekapazität von 1,59 $\frac{mmol}{L}$, die das Wasserwerk Großenkneten Januar 2010 ermittelt hat[32], relativ genau.

Bei der Titration wird nahezu der gesamte Anteil an Hydrogencarbonat zu „freier Kohlensäure" umgewandelt ($HCO_3^- + HCl \rightarrow H_2CO_3 + Cl^-$). Daher entspricht der auf oben dargestellter Weise errechnete Wert der Säurekapazität nahezu der Konzentration aller gelösten HCO_3^-Anionen der Probe ($c(CO_3^{2-})$) und $c(OH^-)$ sind vernachlässigbar klein und werden nicht erfasst). Insgesamt werden aber nicht nur die äquivalenten Hydrogencarbonat-Anionen von Calcium und Magnesium, sondern auch die von evtl. vorhandenem Natrium, Kalium etc., welche aber per Definition eigentlich nicht zur KH gehören, erfasst. Häufig sind die Anteile der anderen Hydrogencarbonate aber vernachlässigbar klein. Sollte dies nicht der Fall sein kann das Ergebnis der KH allerdings die GH der Probe übersteigen. Es liegt dann eine Härteumkehr vor (vgl. 2.2, S.3) und die KH wird mit der GH gleichgesetzt.

Mit dem Faktor 2,8 multipliziert ergibt sich aus der oben ermittelten durchschnittlichen Säurekapazität eine Carbonathärte von 3,89525 °dH für den Bereich Großenkneten.

4.3 Sonstige

Die Wasserhärte kann in größeren analytischen Laboratorien auch über Ionenchromatografie, bei der die Wasserprobe mit einem Laufmittel durch eine Trennsäule mit stationärer Phase geleitet werden, an der die Härtebildner-Kationen kurzzeitig aufgehalten und so identifiziert werden, ermittelt wird.

Ein weiteres Verfahren ist die Kappilarelektrophorese, bei der die Ionen in einem meist flüssigen Medium durch ein elektrisches Feld in Bewegung gesetzt werden. Die Wanderungsgeschwindigkeit hängt dabei von der der Ladung, Form und Masse der Ionen ab. Entsprechend lassen sich so Ionengruppen trennen und die Mengen der Calcium- und Magnesium- Kationen feststellen.

Die Firma Hach Lange bietet auch einen Küvetten-Test (LCK 327) zur Gesamthärtebestimmung im Messbereich von 1 -20 °dH an. In einer fertig gelieferten Küvette befindet sich bereits ein spezieller Indikator, der durch Zugabe von 0,2 mL Wasserprobe eine violette Färbung annimmt[33]. Anschließend wird die Küvette in ein ent-

---

[32] http://www.oowv.de/fileadmin/user_upload/db/ww/pdf/analyse_grossenkneten.pdf
[33] Indikatorfärbung *siehe Abb. 18, S.29*

sprechend programmiertes Spektralphotometer[34] eingelegt, welches die exakte Indikatorfärbung durch Bestrahlung mit dem gesamten Farbspektrum sekundenschnell erfasst und die Wasserhärte auf einem Display anzeigt.

5. Methoden zur Verringerung von Wasserhärte im Haushalt

5.1 Kationenaustausch

Um Kalkablagerungen in Leitungen und anderen wassernutzenden Geräten vorzubeugen, werden für private Haushalte in zunehmenden Maße Enthärtungsanlagen angeboten, die auf dem Prinzip des Ionenaustausches basieren.

Ein Ionentauscher besteht dabei i.d.R. aus einem beliebig großen zylindrischen Behälter (Ionenaustauschersäule), der mit vielen kleinen porösen Harzkugeln ($\varnothing$=0,6mm) gefüllt ist[35]. Das Harz dieser Kugeln besitzt eine Polymerstruktur auf der eine Ionenart (bei Kationentauschern immer Sulfonate (SO_3^-)) dauerhaft chemisch fixiert ist (Aktivgruppe). Damit aber das Harz seine elektrische Neutralität behält, wird die negative Ladung der Sulfonate jeweils durch ein einfach geladenes Gegenkation (hier: Na^+) in der Verbindung ausgeglichen[36]. Diese Gegenkationen sind innerhalb der Harzkugel sowie in umhüllendem Wasser frei beweglich. Zur Wasserenthärtung genügt es nun, das Rohwasser durch eine solche Ionenaustauschersäule mit Na^+-beladenen Harzkugeln zu leiten. Die im Wasser enthaltenen Ca^{2+}- und Mg^{2+}-Ionen bewegen sich mit dem Flüssigkeitsstrom durch die porösen Harzkugeln, wobei sie aufgrund ihrer höheren Coulombkraft die niederwertigen Na^+-Kationen aus ihren Verbindungen herausdrängen und sich selbst als Gegenkationen in den Harzkugeln ablagern. So werden beim Durchlaufen der Tauscherkolonne fast alle Calcium(II)- und Magnesium(II)-Kationen gegen unschädliche Na^+-Kationen ersetzt, sodass am unteren Ende der Kolonne enthärtetes Wasser austritt. Der Salzgehalt des Wassers wird dabei nicht gesenkt, sondern lediglich in der Zusammensetzung verändert.

Dieser Vorgang kann allerdings nicht beliebig lange fortgeführt werden. Nach einer gewissen Durchstrommenge sind alle Harzkugeln mit Calcium- und Magnesium-Ionen beladen und können keine weiteren Ionen austauschen. In diesem Fall erfolgt eine Regeneration mit konzentrierter Kochsalzlösung (Regeneriersalz), welches durch

---

[34] Äußeres Erscheinungsbild eines Spektralphotometers *siehe Abb.19, S. 31*
[35] *Vergleiche Abb. 8, S. 17*
[36] *Vergleiche Abb. 9, S. 17*

die Säule geleitet wird. Aufgrund ihrer schwächeren Ladung weisen die Na^+-Kationen im Vergleich zu den Erdalkalimetall-Ionen eine geringere Selektivität zu dem Ionentauscher auf, sodass sie diese eigentlich nicht wieder verdrängen könnten. Doch bei der Ionenaustauschreaktion handelt es sich um eine Gleichgewichtsreaktion. Da nun durch die konzentrierte Kochsalzlösung ein hoher Überschuss an selektiv schwächeren Na^+-Kationen zugeführt wird, fördert dies gemäß dem Prinzip von Le Chatelier die Rückreaktion in so großem Maße, dass bei der Regeneration die eingelagerten Ca^{2+}- und Mg^{2+}-Kationen größtenteils wieder von den Na^+-Kationen verdrängt werden und der Harz am Ende nahezu wieder seine ursprüngliche Zusammensetzung aufweist. Anschließend kann er für einen erneuten Enthärtungsprozess genutzt werden. Das bei der Regeneration massiv mit Erdalkali-Ionen angereicherte Wasser wird als Abwasser abgelassen.

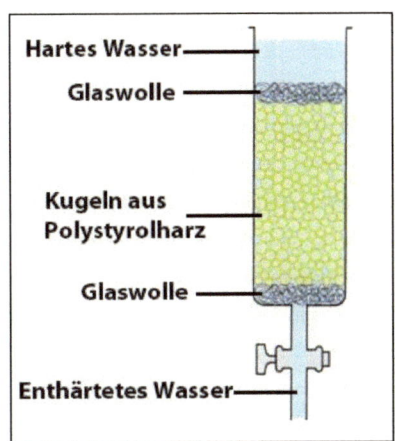

Abb. 8 Ionenaustauschersäule im Modell

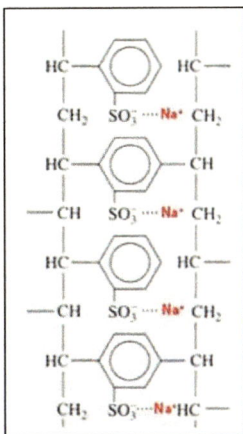

Abb. 9 Struktur des Polystyrolharzes

Wasserenthärter auf Ionentauscherbasis befinden sich im Haushalt in kleinem Maßstab in den Böden der Spülkammern von Geschirrspülmaschinen[37]. Des Weiteren werden besonders in Regionen mit großer Wasserhärte in zunehmendem Maße Gesamtenthärtungsanlagen installiert[38], die die Härte des gesamten vom Wasserwerk gelieferten Wassers vor Einspeisung in das Haushaltsleitungssystem verringern. Es darf allerdings nur soweit enthärtet werden, dass der gesetzlich vorgeschriebene Ma-

---

[37] Enthärter einer Miele Geschirrspülmaschine *siehe Abb. 20, S. 30*
[38] Aufbau einer Gesamtenthärtungsanlage für den Haushalt *siehe Abb. 21 u. 22, S.31*

ximalwert des Natriumgehaltes von 200mg/L nicht überschritten wird. Entsprechend hängt der Grad der erlaubten Enthärtung durch den bereits vorhandenen Natriumgehalt des Rohwassers ab. Nach DIN 12502 gewährleistet eine Wasserhärte, die geringer als 3 °dH ist, den größten Korrosionsschutz. Die Firma Grünbeck GmbH (Marktführer bei Gesamtenthärtungsanlagen) empfiehlt aber für optimales Weichwasser eine Gesamthärte von 4 – 6°dH.

5.2 Enthärtung durch Chemikalienzusätze

Im Gegensatz zu Geschirrspülmaschinen besitzen Waschmaschinen keine intern vorgeschalteten Enthärtungsvorrichtungen. Bei ihnen erfolgt die Enthärtung allein auf Basis chemischer Waschmittelzusätze. Bis Anfang der 80er Jahre enthielten Haushaltswaschmittel meist bis zu 30% des Chelatbildners Natriumtripolyphosphat ($Na_5P_3O_{10}$). Dieses bildete ähnlich wie EDTA Chelatkomplexe mit Calcium(II)- und Magnesium(II)-Kationen, wodurch eine Ausfällung von Kalkseifen sowie die Bildung von Kalkbelägen verhindert wurde. Doch dieser hohe Phosphatanteil der Waschmittel erhöhte ebenfalls den Phosphatgehalt im geklärten Abwasser so stark, dass es zunehmend zu Eutrophierung und somit Bedrohung der Artenvielfalt heimischer Gewässer kam. Daher werden heutzutage nur noch phosphatfreie Waschmittel verwendet, die als Wasserenthärter Zeolith A (Sasil®) enthalten. Zeolith A besitzt eine Gerüststruktur aus Silicium und Aluminiumoxid-Tetraedern, die über Sauerstoffbrücken miteinander verbunden sind[39]. Es bildet sich dadurch ein kovalentes Gitter mit Poren und Hohlräumen. Die Wirkungsweise dieses Kristalls beruht auf dem Prinzip des Kationenaustausches. Aufgrund des vierwertigen Siliciums und des dreiwertigen Aluminiums herrscht ein negativer Ladungsüberschuss im Inneren des Kristalls, der durch Einlagerung von Metallkationen in den Poren ausgeglichen wird. Diese Metallkationen können durch höherwertige Kationen verdrängt werden. In der Praxis sind im Ausgangszustand Na^+-Kationen im Inneren der Zelioth A-Kristalle fixiert. Bei Kontakt mit hartem Wasser während des Waschmittelvorganges verdrängen die Calcium(II)- und Magnesium(II)-Kationen die Na^+-Kationen und werden an Stelle dieser im Kristall fixiert[40]. So wird das Wasser während des Waschvorgangs enthärtet.

---

[39] *Vergleiche Abb. 23, S. 32*
[40] *Vergleiche Abb. 24, S. 32*

6. Literaturverzeichnis

I. Primärquellen

[1] A. Hütter, Leonhard: Wasser und Wasseruntersuchung. Frankfurt am Main, Otto Salle Verlag GmbH & Co., Sechste Auflage, 1994

[2] Beyer, Irmtraud; Bickel, Horst; Gropengießer u.a.: Natura – Biologie für Gymnasien. Stuttgart, Ernst Klett Verlag GmbH, 2005

[3] Bundesgesetzblatt Teil I vom 29. April 2007, §9 Abs. 2 (S. 600)

[4] Dehnert, Klaus; Jäckel, Manfred; Oehr, Horst u.a.: Allgemeine Chemie. Braunschweig, Bildungshaus Schulbuchverlage Westermann Schroedel Diesterweg Schöningh Winklers GmbH, Fünfte Auflage, 2004

[5] Höll, Karl; Grohmann, Andreas (Hrsg.): Wasser - Nutzung im Kreislauf, Hygiene, Analyse und Bewertung. Berlin, de Gruyter Verlag, 2002

[6] Prof. Dr. Jander, Gerhart; Prof. Dr. Jahr, Karl Friedrich: Massanalyse – Theorie und Praxis der klassischen und der elektrochemischen Titrierverfahren. Berlin, Walter de Gruyter & Co. Verlag, Neunte Auflage, 1961

[7] R. Kunze, Udo; Schwedt, Georg: Grundlagen der quantitativen Analyse. Weinheim, WILEY-VCH Verlag GmbH & Co. KGaA, Sechste Auflage, 2009

[8] Scholzen, Georg; Eßer, Michael; Gies, Christoph u.a.: Leitungswasserschäden – Vermeidung – Sanierung – Haftung. Renningen, expert verlag, Zweite Auflage, 2006

[9] Prof. Dr. Tausch, Michael; Dr. von Wachtendonk, Magdalene u.a.: Chemie 2000+ Sekundarstufe II. Bamberg, C. C. Buchners Verlag, 2007

[10] Wilhelm, Stefan: Wasseraufbereitung – Chemie und chemische Verfahrenstechnik. Berlin Heidelberg, Springer-Verlag, Siebte Auflage, 2008

[11] Wiskamp, Volker: Anorganische Chemie - Ein praxisbezogenes Lehrbuch. Frankfurt am Main, Wissenschaftlicher Verlag Harri Deutsch GmbH, 2010

[12] Am 15.02.2011 mündlich erhaltene Informationen von Heribert Schaub, Leiter des Betriebslabors der ExxonMobil Production Deutschland GmbH, Standort Großenkneten

II. Internetquellen

[13] http://bundesrecht.juris.de/wrmg/BJNR060000007.html

[14] http://ch.eduhi.at/ph.htm

[15] http://daten.didaktikchemie.uni-bayreuth.de/umat/carbonate2/carbonate2.htm

[16] http://daten.didaktikchemie.uni-bayreuth.de/umat/ionenaustauscher/ionenaustauscher.htm

[17] http://daten.didaktikchemie.uni-bayreuth.de/umat/wasserhaerte2/wasserhaerte.htm

[18] http://de.wikipedia.org/wiki/Ethylendiamintetraessigsäure

[19] http://de.wikipedia.org/wiki/Ligand

[20] http://de.wikipedia.org/wiki/Wasserhärte

[21] http://oops.uni-oldenburg.de/volltexte/2000/422/pdf/kap02.pdf

[22] http://wasser.de/index.pl?kategorie=2000113

[23] http://www.ahabc.de/leben/pflanzen.html

[24] http://www.biosicherheit.de/lexikon/700.rhizosphaere.html

[25] http://www.bvsse.de/studfahrt/0801_btg12-1/wasserhaerte.html

[26] http://www.chemie.de/lexikon/Wasserenthärtung.html

[27] http://www.dap.de/anl/PL293300.pdf

[28] http://www.drta-achiv.de/wiki/pmwiki.php?n
=WasserchemieWasserhaerte.Karbonathaerte

[29] http://www.dvgw.de/wasser/informationen-fuer-verbraucher/wasserhaerte/

[30] http://www.gruenbeck.de/0016_de.htm

[31] http://www.gruenbeck.de/0024_de.htm

[32] http://www.gruenbeck.de/resources/download/BA-187970_GSX%205-10.pdf

[33] http://www.iac.uni-stuttgart.de/Praktika/Quant/Seminar/Seminar
%2028_4_2008.pdf

[34] http://www.ikz.de/fileadmin/Banner/whitepaper/IKZ_Whitepaper_bwt_Weic
hwasseranlagen.pdf

[35] http://www.imn.htwk-leipzig.de/~pfestorf/praktikum/prak4ME071003.pdf

[36] http://www.imn.htwk-leipzig.de/~stich/praktikum_eu/P4.pdf

[37] http://www.kuettel-wassertechnik.ch/kalk.htm

[38] http://www.laboratorytalk.com/news/mea/mea887.html

[39] http://www.mk-atomy.de/protokolle/analytik/komplexo-ca.pdf

[40] http://www.oowv.de/fileadmin/user_upload/db/ww/pdf/analyse_grossenknete
n.pdf

[41] http://www.sbf-online.com/media/pdf/sbf_info_saeurekapazitaet.pdf

[42] http://www.umweltbundesamt-daten-zur-um-welt.de/umweltdaten/public/document/downloadImage.do;jsessionid=5CEA7825DF388684991A45EBB13D2C92?ident=17544

[43] http://www.uni-kiel.de/anorg/bensch/lehre/Dokumente/ versuch_p1_zeolith_a.pdf

[44] http://www.wasser.de/aktuell/forum/index.pl?job=thema&tnr=100000000003777

[45] http://www.wasserwerk-vechta.de/

[46] http://www.wasser-wissen.de/abwasserlexikon/s/saeurekapazitaet.htm

III. Bild- und Tabellennachweis

Tab. 1: Erstellt nach Daten aus [44] sowie [3]

Tab. 2: Erstellt nach Daten aus [44]

Tab. 3: Seite 47 aus [10]

Tab. 4: http://daten.didaktikchemie.uni-bayreuth.de/umat/carbonate2/carbonate2.htm

Hintergrund des Deckblattes/Rückseite: http://www.contec-umwelt.de/uploads/pics/deckblatt_wasser_s.jpg (Nachträglich aufgehellt)

Abb. 1: Foto selbst erstellt (08.02.2011, Gymnasium Antonianum Vechta).

Abb. 2: Foto selbst erstellt (08.02.2011, Gymnasium Antonianum Vechta).

Abb. 3: Foto selbst erstellt (08.02.2011, Gymnasium Antonianum Vechta).

Abb. 4: Seite 207 aus [4]

Abb. 5: http://www.imn.htwk-leipzig.de/~pfestorf/praktikum/prak4ME071003.pdf, Seite 3

Abb. 6: http://www.iac.uni-stuttgart.de/Praktika/Quant/Seminar/Seminar%2028_4_2008.pdf, Seite 4

Abb. 7: http://daten.didaktikchemie.uni-bayreuth.de/umat/wasserhaerte2/wasserhaerte.htm

Abb. 8: Seite 210 aus [4]

Abb. 9: Seite 210 aus [4]

Abb. 10: Seite 153 aus [7]

Abb. 11: http://wasser.de/index.pl?kategorie=2000113

Abb. 12: Fotokopie des Resultatreports, den die Titrationsmaschine „808 Titrando" am 15.02.2011 in Großenkneten erstellt hat

Abb. 13: Foto selbst erstellt (15.02.2011, Betriebslabor ExxonMobil Production Deutschland GmbH, Standort Großenkneten)

Abb. 14: Foto selbst erstellt (15.02.2011, Betriebslabor ExxonMobil Production Deutschland GmbH, Standort Großenkneten)

Abb. 15: Foto selbst erstellt (15.02.2011, Betriebslabor ExxonMobil Production Deutschland GmbH, Standort Großenkneten)

Abb. 16: Foto selbst erstellt (15.02.2011, Betriebslabor ExxonMobil Production Deutschland GmbH, Standort Großenkneten)

Abb. 17: Foto selbst erstellt (15.02.2011, Betriebslabor ExxonMobil Production Deutschland GmbH, Standort Großenkneten)

Abb. 18: Foto selbst erstellt (15.02.2011, Betriebslabor ExxonMobil Production Deutschland GmbH, Standort Großenkneten)

Abb. 19: Foto selbst erstellt (15.02.2011, Betriebslabor ExxonMobil Production Deutschland GmbH, Standort Großenkneten)

Abb. 20: http://cgi.ebay.de/ws/eBayISAPI.dll?VISuperSize&item=270373383215

Abb. 21: Seite 96 aus [8]

Abb. 22: http://www.gruenbeck.de/0016_de.htm

Abb. 23: Selbst erstellt unter Nutzung folgender Grafiken:

- http://upload.wikimedia.org/wikipedia/commons/9/91/ZeolithA-Stuktur.png
- http://upload.wikimedia.org/wikipedia/commons/f/f3/Sodalit-CageAlSi.png

Abb. 24: Selbst erstellt unter Nutzung folgender Grafik:

- http://upload.wikimedia.org/wikipedia/commons/9/91/ZeolithA-Stuktur.png nach Vorbild von Abb. 10 auf folgender Website:
- http://daten.didaktikchemie.uni-bayreuth.de/umat/ionenaustauscher/ionenaustauscher.htm

7. Anhang

Härtebereich	c(CaCO₃) [mmol (CaCO₃)/L]	°dH
1 (weich)	0 – 1,25	0 - 7
2 (mittelhart)	1,25 – 2,5	7 - 14
3 (hart)	2,5 – 3,75	14 - 21
4 (sehr hart)	> 3,75	> 21

Tab. 2 Bis zum 05. Mai 2007 amtlich gültige Beurteilung der Gesamthärte von Wässern in Deutschland

Ion bzw. Molekül	Deutsche Härtegrade in °dH	Massenkonzentration $\varrho*(X)$ in mg/L	Stoffmengenkonzentration $c(X)$ in mmol/L	Äquivalentkonzentration $c(1/zX)$ in mmol/L
Ca^{2+}	1	7,14	0,18	0,36
Mg^{2+}	1	4,36	0,18	0,36
Na^+	1	8,21	0,36	0,36
K^+	1	13,93	0,36	0,36
NH_4^+	1	6,43	0,36	0,36
Fe^{2+}	1	9,97	0,18	0,36
Mn^{2+}	1	9,81	0,18	0,36
CO_3^{2-}	1	10,71	0,18	0,36
HCO_3^-	1	21,79	0,36	0,36
Cl^-	1	12,68	0,36	0,36
SO_4^{2-}	1	17,14	0,18	0,36
NO_3^-	1	22,14	0,36	0,36
PO_4^{3-}	1	11,32	0,12	0,36
CaO	1	10,00	0,18	0,36
CO_2	1	7,86	0,18	0,36
SiO_2	1	10,71	0,18	0,36

Tab. 3 Umrechnung verschiedener Ionen von °dH in Massenkonzentration, Stoffmengenkonzentration und Äquivalentkonzentration

Carbonate	Formel	Synonyme
Calcit/Aragonit	$CaCO_3$	Kalkstein, Marmor, Kreide, Perlen Kalkspat (Calcit)
Dolomit	$CaMg(CO_3)_2$	Mergel, Ton, Perlspat, Braunspat
Magnesit	$MgCO_3$	Talkspat, Bitterspat
Natriumcarbonat	$NaCO_3$	Soda
Kaliumcarbonat	K_2CO_3	Pottasche
Siderit	$FeCO_3$	
Smithsonit	$ZnCO_3$	
Strontianit	$SrCO_3$	
Cerussit	$PbCO_3$	
Malachit	$Cu_2[(OH)_2/CO_3]$	
Azurit	$Cu_3[(OH)/CO_3]_2$	

Tab. 4 Im Boden vorkommende Carbonate und ihre Namen (Sortiert nach jeweiliger Menge des natürlichen Vorkommens)

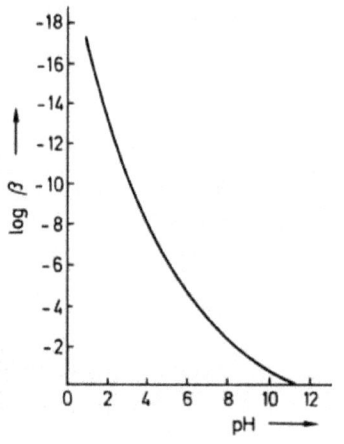

Abb. 10 Grafische Darstellung $\log \beta = f(\text{pH})$ für EDTA

pH	0	1	2	3	4	5	6	7	8	9	10	11
-log β	21,1	17,1	13,4	10,6	8,4	6,5	4,7	3,3	2,3	1,3	0,5	0,1

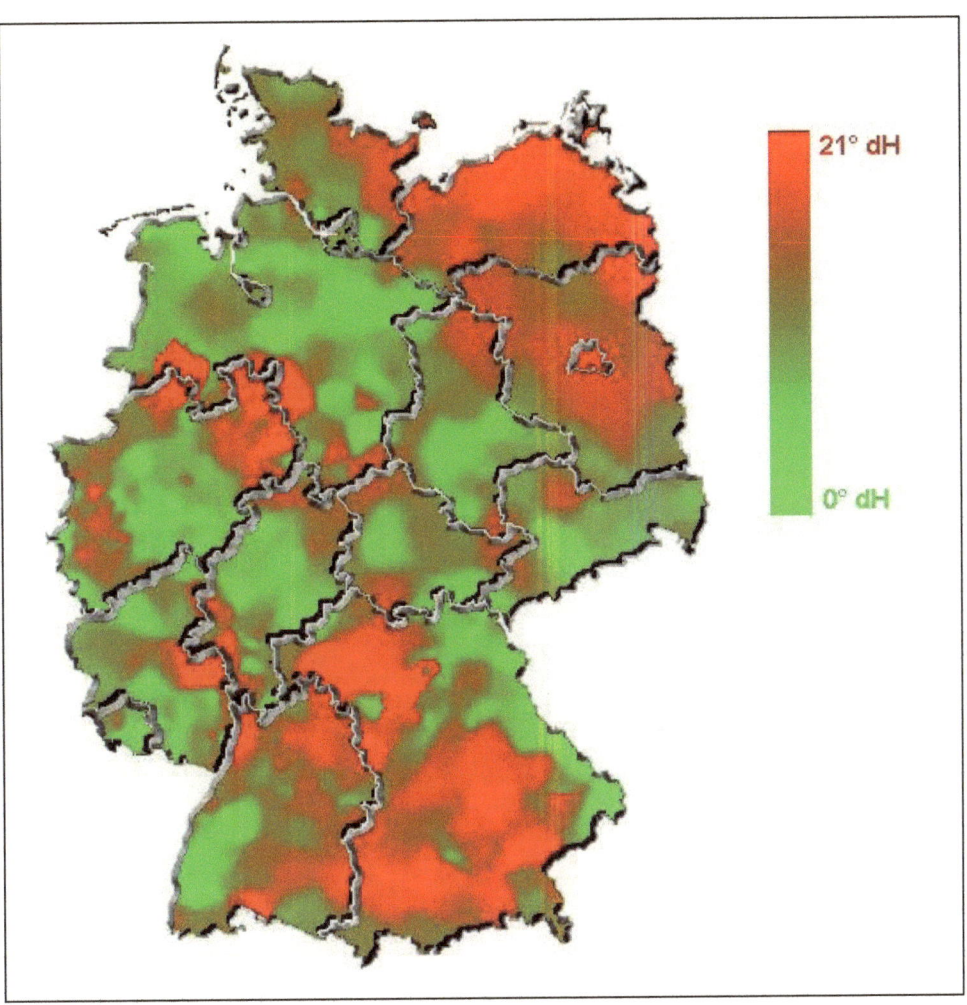

21° dH

0° dH

Abb. 11 Übersicht der geografischen Härteverteilung in der Bundesrepublik
Deutschland[1] (Stand 15.06.2010)[41]

---

[41] Diese Karte gibt lediglich einen groben Überblick über die Wasserhärteverteilung in der Bundesrepublik Deutschland und kann nicht dazu genutzt werden, die Wasserhärte an bestimmten Orten zu bestimmen

tiamo™

Lizenz-ID	14742454	Programmversion tiamo 1.1 - 36
Client-Name	HP16606485127	
Anwender	Admin1	2011-02-15 15:55:07 UTC+1

Resultatreport

Bestimmung

Methode . . . . Säure_BaseTitrando
Speicherdatum Methode . . . . 2009-03-24 11:33:46 UTC+1
Methodenversion 4
Methodenstatus . . . . original
Bestimmungsstart . . . . 2011-02-15 15:50:35 UTC+1
Bestimmungsstatus . . . . original
Bestimmungsversion 1
Probennummer 4
Anwender (voller Name) . . . . Schaub
Anwender (Kurzname) Admin1

Probedaten

ID1 . . . . m-Wert Trinkwasser
Einmass . . . . 100 g

Endpunkte

DET pH   DET pH 15.1
EP1 . . . . 4,813 pH . . . . 1,5562 mL

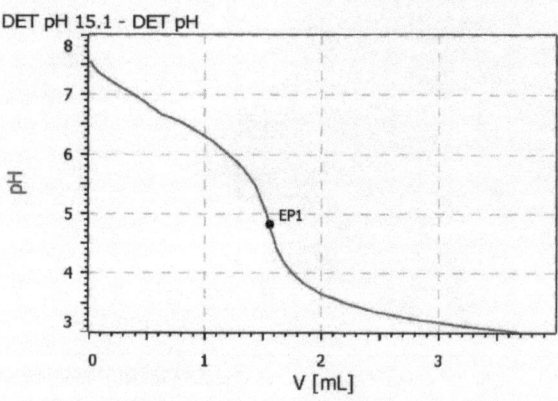
DET pH 15.1 - DET pH

Metrohm

Abb. 12 Resultatreport der Titration zur Säurekapazitätsbestimmung

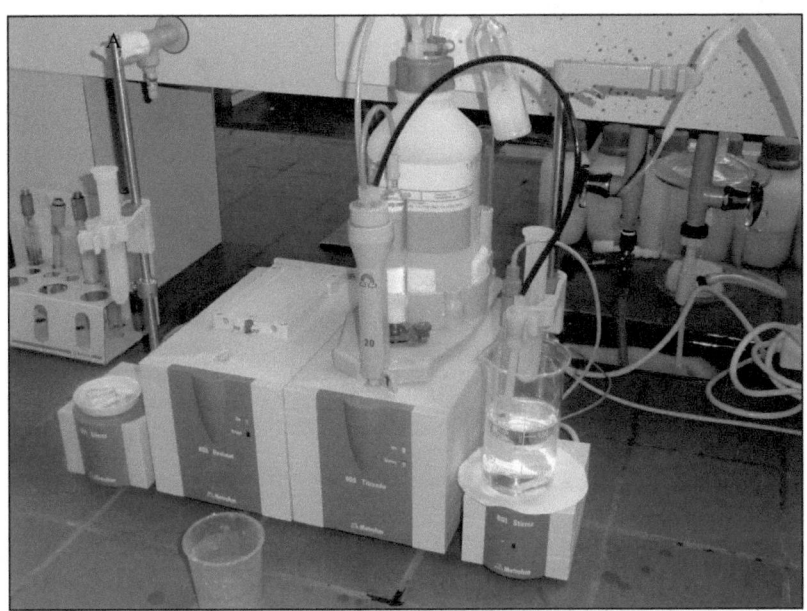

Abb. 13 Vollautomatische Titrationsmaschine „808 Titrando" der Firma Metrohm mit Wasserprobe auf dem Magnestrührer (rechts)

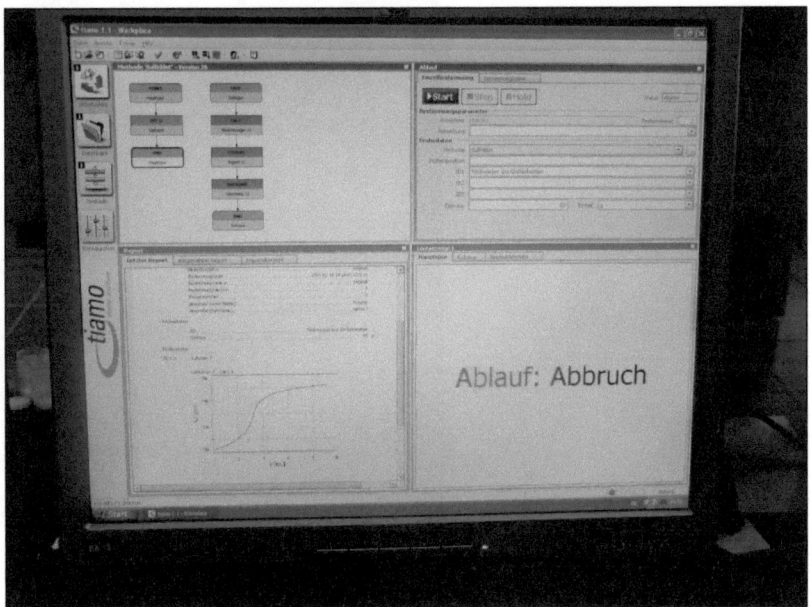

Abb. 14 Digitale Anzeige während eines Titrationsvorganges (hier während des Abbruchs des Titrationsvorganges)

Abb. 15 Links: Durch Cooper blau gefärbte Probelösung
Rechts: Der Indikator Cooper

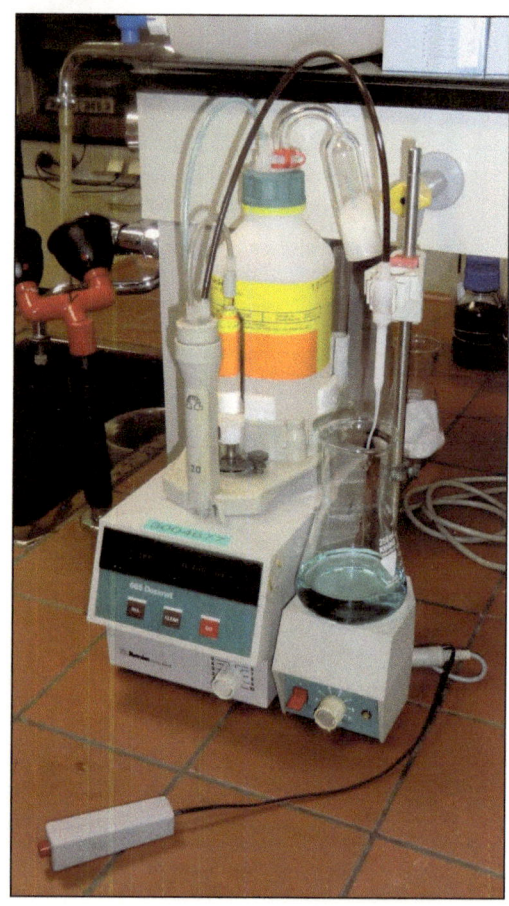

Abb. 16 Manuell steuerbare Titrationsmaschine mit der mit Cooper versetzten Probelösung

Abb. 17 Probelösung nach Indikatorumschlag

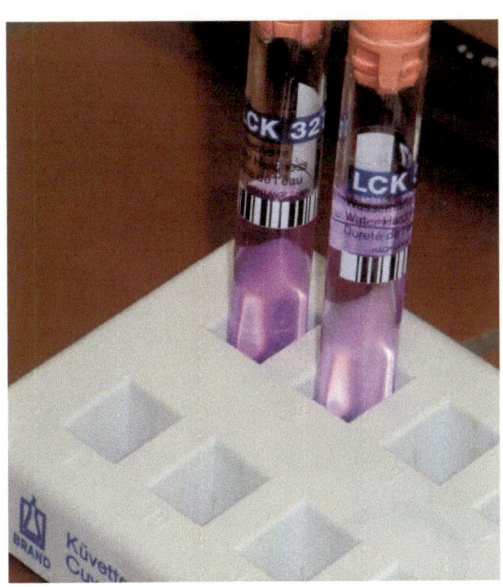

Abb. 18 Testküvetten (LCK 327) nach Zugabe von
0,2 mL Wasserprobe

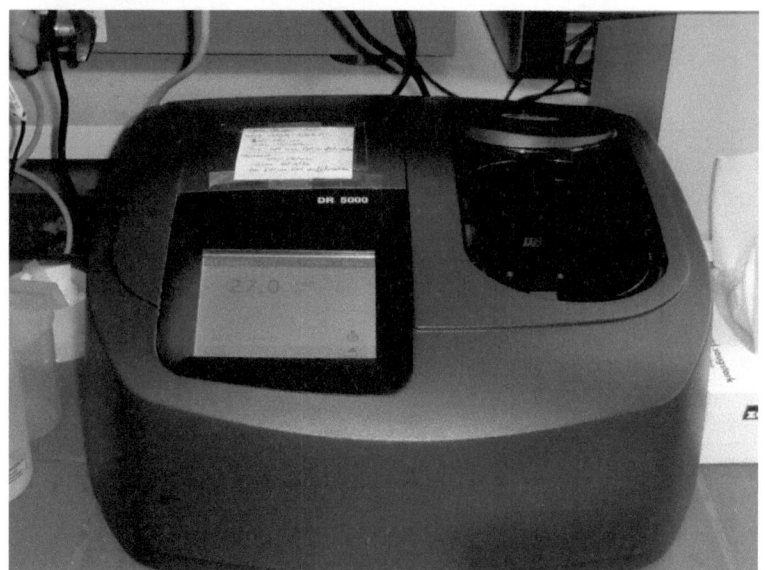

Abb. 19 DR 5000 UV-VIS Spektralphotometer (In die Öffnung rechts werden die Küvetten eingesetzt)

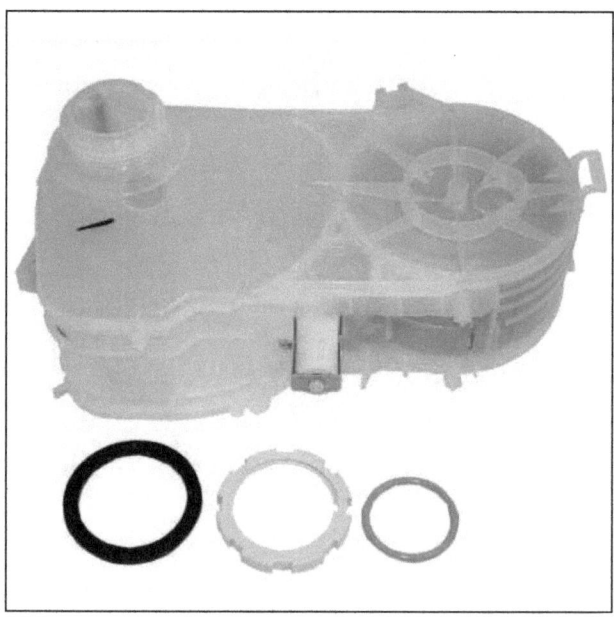

Abb. 20 Enthärtungsanlage für Miele Geschirrspüler 4158813

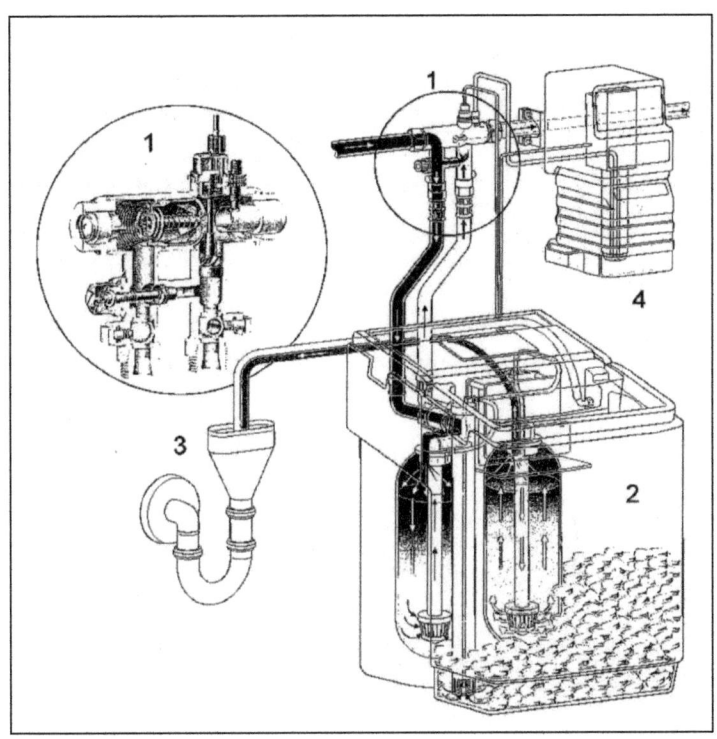

Abb. 21 Funktion einer modernen Enthärtungsanlage der Grünbeck Wasseraufbereitung GmbH: 1: Montageblock; 2: Austauschbehälter mit Salzvorrat; 3: Abfluss; 4: Dosiergerät. In der Anlage befinden sich zwei Ionentauschersäulen. Während der Regeneration einer Säule übernimmt die jeweils andere die Enthärtung.

Abb. 22 Äußeres Erscheinungsbild der Enthärtungsanlage „Weichwassermeister GSX® 5, 10" der Grünbeck Wasseraufbereitung GmbH

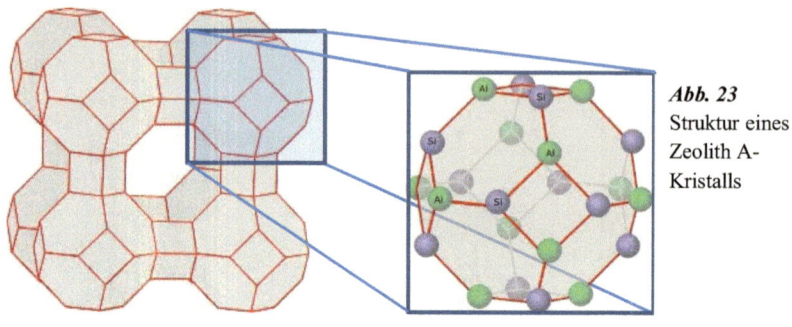

Abb. 23
Struktur eines
Zeolith A-
Kristalls

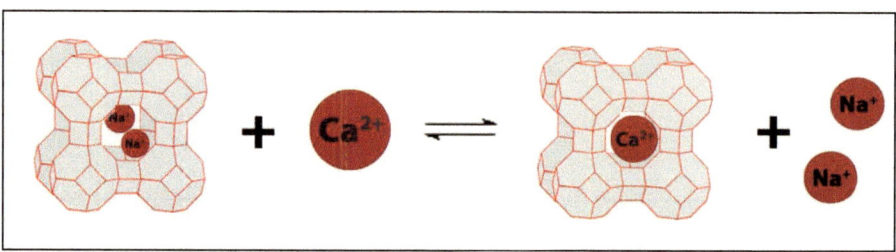

Abb. 24 Austausch eines Calcium(II)-Kations mit zwei Natrium-Kationen durch Zeolith A